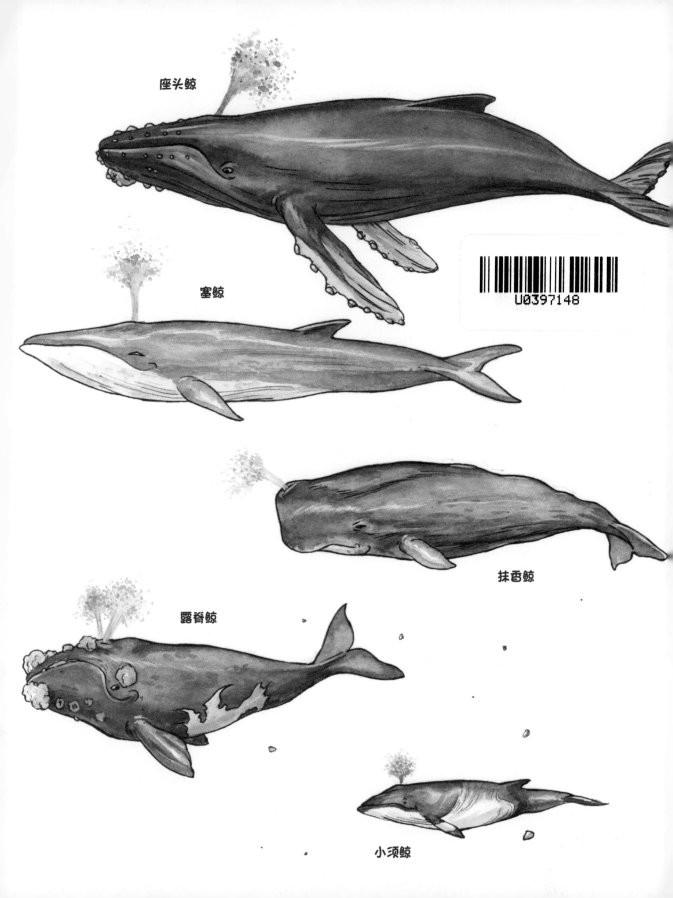

座头鲸

塞鲸

抹香鲸

露脊鲸

小须鲸

U0397148

送给我的女儿小雪。

——张辰亮

献给依然怀有童真的读者。

——北桥泽

图书在版编目(CIP)数据

鲸鱼日记/张辰亮著;北桥泽绘. —北京:北京科学技术出版社,2019.10(2020.6重印)
(今天真好玩)
ISBN 978-7-5714-0472-7

Ⅰ.①鲸… Ⅱ.①张…②北… Ⅲ.①鲸–儿童读物 Ⅳ.①Q959.841–49

中国版本图书馆CIP数据核字(2019)第198841号

鲸鱼日记

作 者:张辰亮		绘 者:北桥泽	
策划编辑:代 冉		责任编辑:代 艳	
责任印制:张 良		图文制作:天露霖	
出 版 人:曾庆宇		出版发行:北京科学技术出版社	
社 址:北京西直门南大街16号		邮政编码:100035	
电话传真:0086-10-66135495(总编室)		0086-10-66113227(发行部)	
0086-10-66161952(发行部传真)			
电子信箱:bjkj@bjkjpress.com		网 址:www.bkydw.cn	
经 销:新华书店		印 刷:北京利丰雅高长城印刷有限公司	
开 本:889mm×1194mm 1/16		印 张:2.25	
版 次:2019年10月第1版		印 次:2020年6月第2次印刷	
ISBN 978-7-5714-0472-7/Q·182			

定价:132.00元(全6册)

鲸鱼日记

张辰亮◎著　　北桥泽◎绘

北京科学技术出版社

12 月 3 日

我是一头抹香鲸。

我家20多名成员大都是女的，有姥姥、妈妈、姐姐、姨妈。只有一个哥哥是男的。

年纪最大的姥姥已经70多岁了，身上都是疤痕。她说，那是年轻时被鱿鱼抓的。

大家都很喜欢我。

12 月 5 日

　　今天是哥哥20岁生日。许愿后，他就告别大家，独自去闯荡了。

12 月 6 日

　　我想哥哥了。妈妈说，他会去
别的鲸群结婚、生宝宝。爸爸当年
也是离开他所在的鲸群，与妈
妈结婚的。现在爸爸又继续
出去闯荡了。

　　我也很想爸爸。

1月1日

今天是元旦，姥姥带领我们祭拜祖先。

"祖先好丑哇！"我脱口而出。妈妈赶紧捂住我的嘴。

姥姥说，我们的祖先原本是陆地上的动物，后来到了海洋里生活，有了我们这些后代。

鲸鱼的祖先：巴基鲸

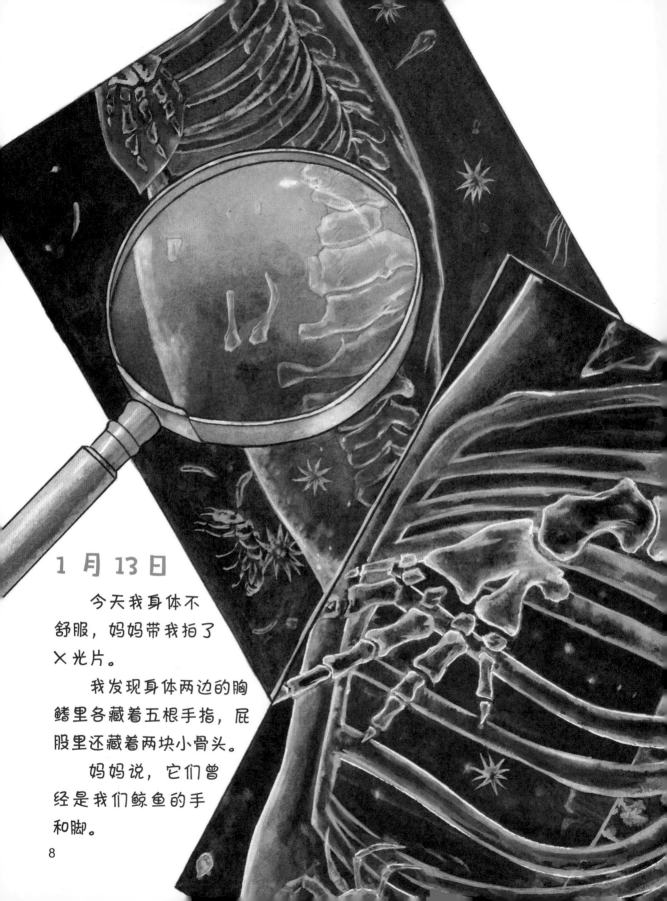

1 月 13 日

今天我身体不
舒服，妈妈带我拍了
X光片。

我发现身体两边的胸
鳍里各藏着五根手指，屁
股里还藏着两块小骨头。

妈妈说，它们曾
经是我们鲸鱼的手
和脚。

1 月 14 日

我想和祖先一样爬回岸上玩，被姨妈们拦住了。

她们说，我们鲸鱼身体太重了，上岸会死。曾经有几位舅舅试着上岸，结果都死了。

2 月 6 日

幼儿园老师把我和小蓝鲸叫上讲台，让我俩张开嘴给大家看。

我嘴里长着牙，属于齿鲸；小蓝鲸嘴里长着须子，属于须鲸。

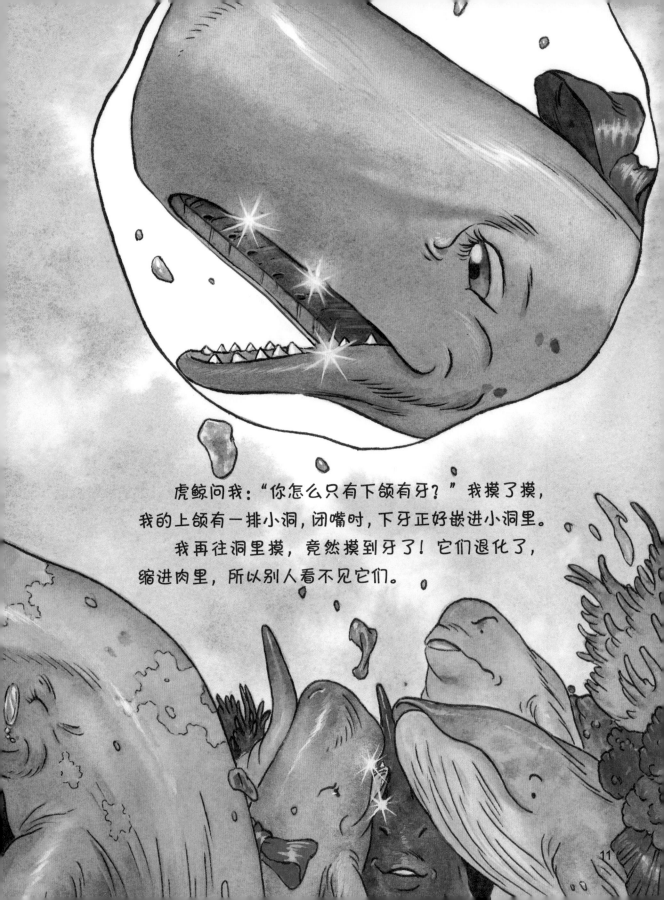

虎鲸问我："你怎么只有下颌有牙？"我摸了摸，
我的上颌有一排小洞，闭嘴时，下牙正好嵌进小洞里。
我再往洞里摸，竟然摸到牙了！它们退化了，
缩进肉里，所以别人看不见它们。

2 月 27 日

　我们最爱玩的游戏是：看水柱，猜水下是谁。

3 月 8 日

　　我们最爱看的是小蓝鲸的妈妈喷出的水柱，它好大好高。

　　今天阳光灿烂，我们围着蓝鲸妈妈要求看喷水柱表演。

　　"噗——"阳光照在水柱上，彩虹出现了。

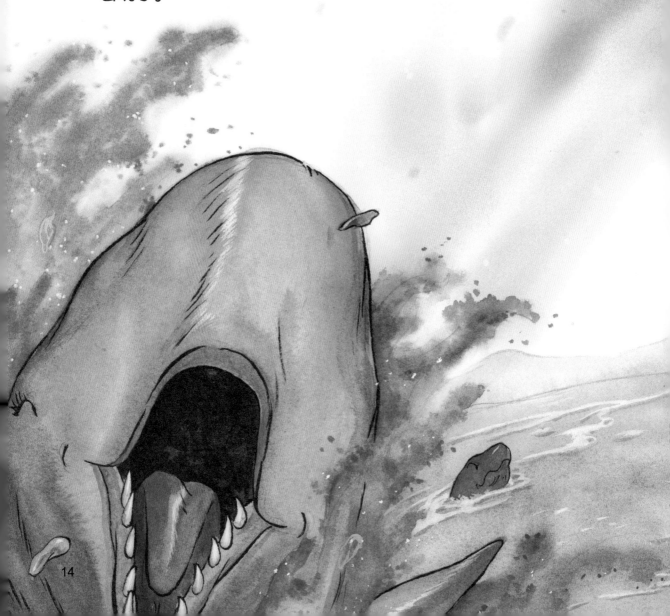

14

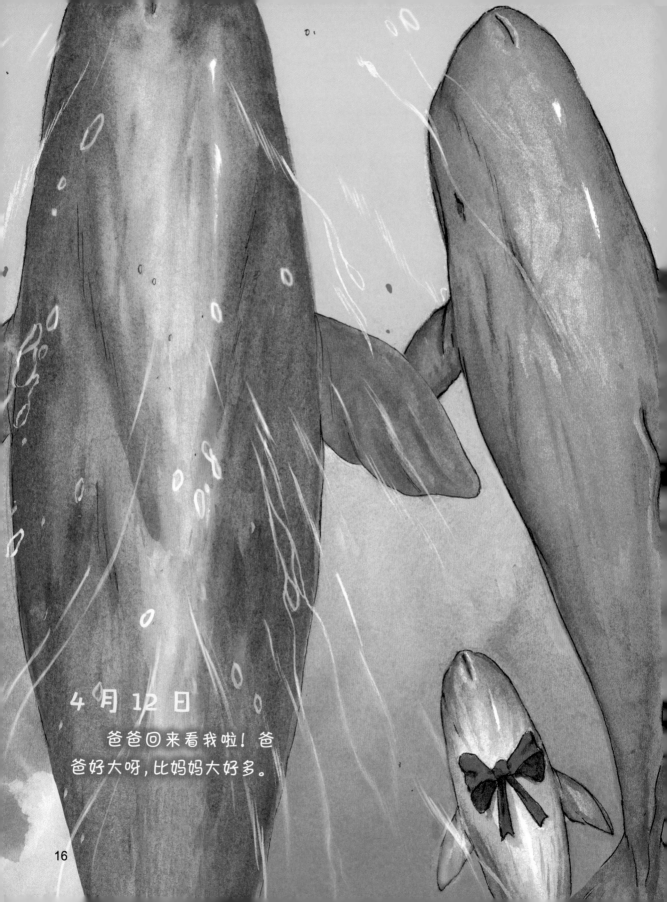

4 月 12 日

爸爸回来看我啦！爸爸好大呀，比妈妈大好多。

4 月 13 日

　　爸爸教我潜水。他告诉我，海洋深处有好吃的。

　　我怕黑，不敢向下游。爸爸说："别怕，有我呢！"

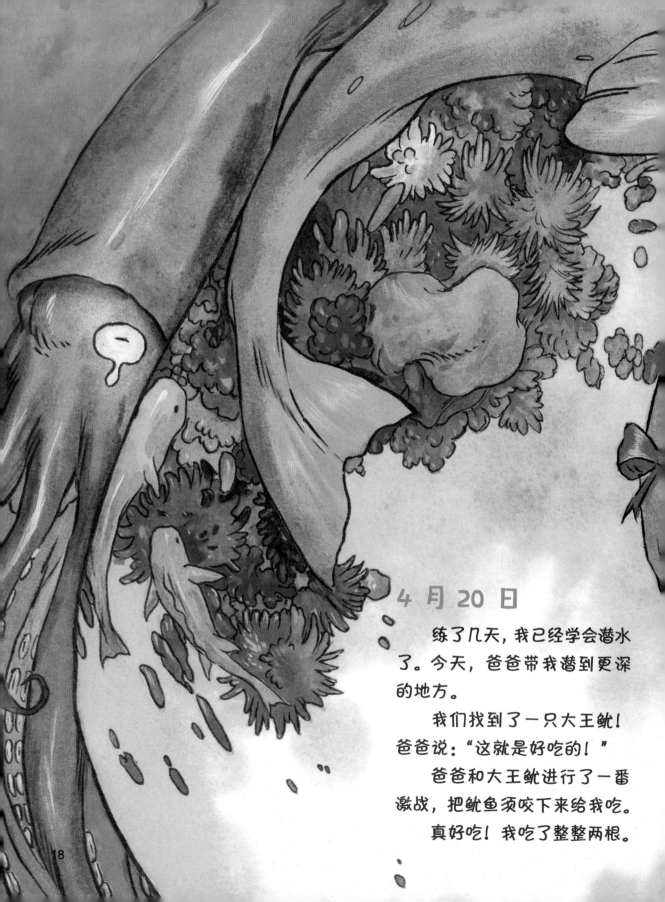

4 月 20 日

　练了几天，我已经学会潜水了。今天，爸爸带我潜到更深的地方。

　我们找到了一只大王鱿！爸爸说："这就是好吃的！"

　爸爸和大王鱿进行了一番激战，把鱿鱼须咬下来给我吃。

　真好吃！我吃了整整两根。

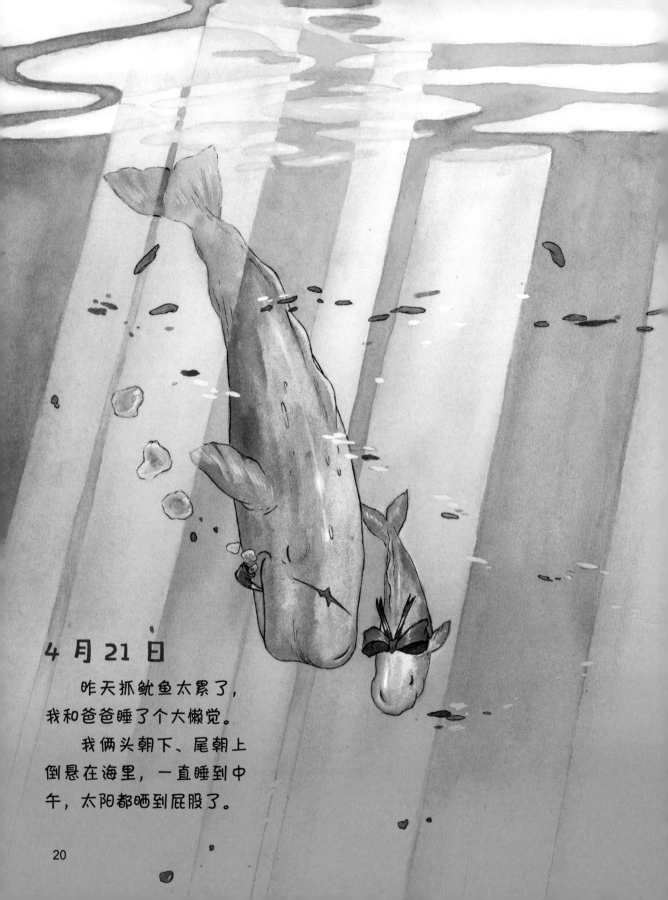

4 月 21 日

　　昨天抓鱿鱼太累了，我和爸爸睡了个大懒觉。

　　我俩头朝下、尾朝上倒悬在海里，一直睡到中午，太阳都晒到屁股了。

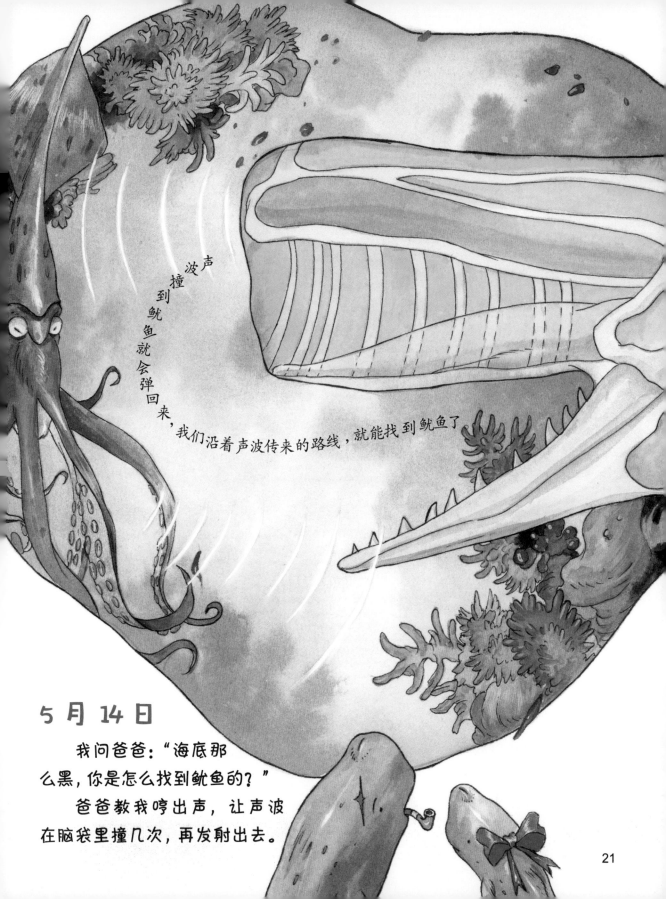

声波撞到鱿鱼就会弹回来，我们沿着声波传来的路线，就能找到鱿鱼了

5 月 14 日

我问爸爸："海底那么黑，你是怎么找到鱿鱼的？"

爸爸教我哼出声，让声波在脑袋里撞几次，再发射出去。

6 月 16 日

　　远处来了一群抹香鲸，可
他们说的话我听不懂。

　　姥姥说，他们是从很远的地方来的，
语言和我们的不一样。我们的话他们也
听不懂。

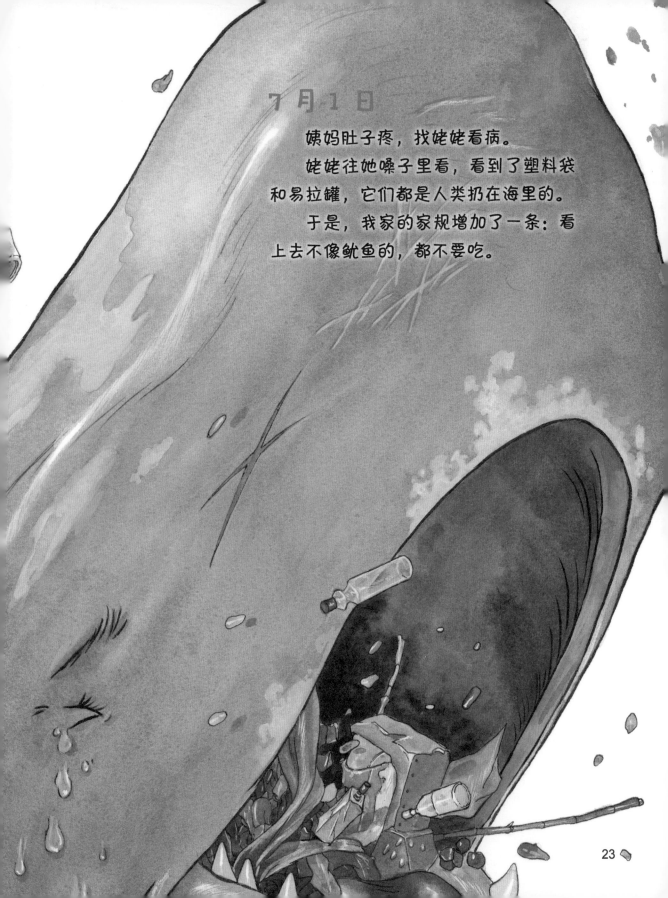

7月1日

　　姨妈肚子疼，找姥姥看病。

　　姥姥往她嗓子里看，看到了塑料袋和易拉罐，它们都是人类扔在海里的。

　　于是，我家的家规增加了一条：看上去不像鱿鱼的，都不要吃。

23

7 月 9 日

　　胖胖的露脊鲸来了。他喜欢把脊梁露出海面，张开嘴，把水里的小虫吞进去，再闭嘴，把水通过鲸须滤出去，小虫就留在嘴里，被他吃掉。

　　这样吃东西好省事！我也学着做，可是失败了。

　　露脊鲸说："你的牙缝太大，留不住虫子。你还是吃鱿鱼去吧。鱿鱼比虫子好吃。"

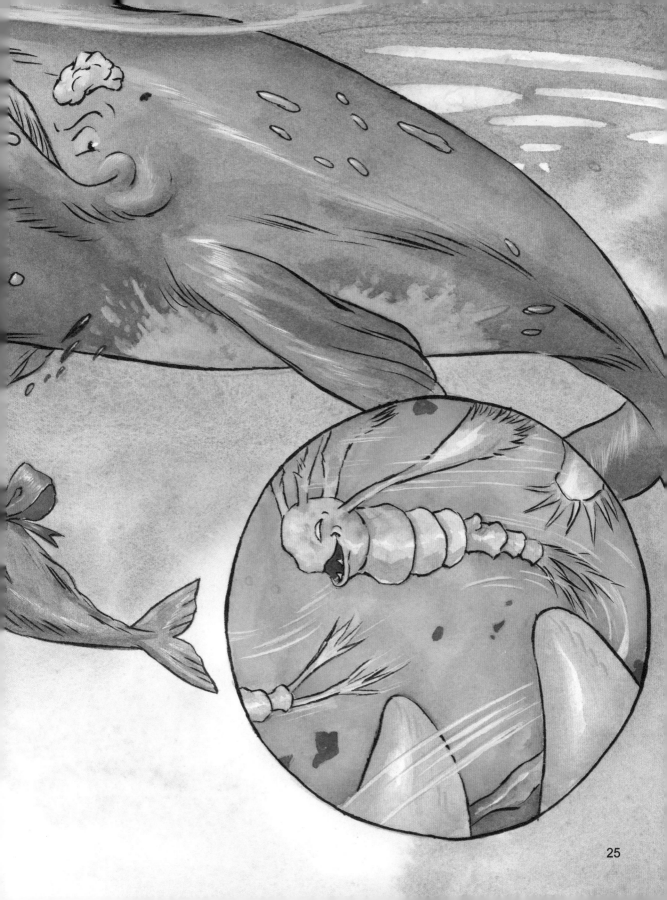

8月1日

　　小须鲸身上有好多漂亮的花纹，可我没有。

　　不过，我有可爱的大脑门，小须鲸没有。

咚 咚 咚 咚 咚

8 月 2 日

小须鲸吃饭的时候，下巴上的皮褶会展开，鼓成一个大球。

我喜欢把它当鼓敲。

8 月 22 日

今天有几位潜水员游过来给我们拍照。

虽然他们很友善，但我曾听姥姥说过，以前人类会捕杀我们，所以我冲过去在他们面前拉了一泡稀屎。

他们被我的屎包围了！哈哈哈！

我好像还拉出了一个硬块，那是我设消化的食物凝固成的。

潜水员捧着这个硬块，高兴地游走了。他们管这个叫"龙涎香"，用它来做香水。

好吧，这就算我送给他们的礼物了。

8 月 30 日

露脊鲸不停地跃出海面，再落回海里，发出"啪啪"的响声。吵死了。

我说："安静一点儿，我要睡觉！"

露脊鲸说："对不起，我身上的鲸虱太多，堵住鼻孔了，我要甩掉他们。"

他身上果然趴着很多
小虫子。这就是鲸虱。
　我可不想身上长虫子，
我每天都会把自己洗干净。

5 月 30 日

幼儿园请家长们和小朋友们一起开联欢会！
座头鲸叔叔和阿姨一起唱歌，海豚们列队跳
舞，我带了几根鱿鱼须请大家吃。蓝鲸妈妈兜了
一嘴的小虾，她把小虾吐出来，我们一边嗑小虾，
一边看节目。

我真的好喜欢当鲸鱼呀！

鲸虱

鲸虱

磷虾

磷虾

桡足类动物